分布式电源并网调度服务工作手册

FENBUSHI DIANYUAN BINGWANG DIAODU FUWU GONGZUO SHOUCE

《分布式电源并网调度服务工作手册》编委会 编

中国电力出版社
CHINA ELECTRIC POWER PRESS

内 容 提 要

并网环节是分布式电源项目建设过程中的重要一环，本书介绍了分布式电源项目的并网调度流程。主要内容包括分布式电源背景介绍、相关定义、电网公司各部门职责、分布式电源并网调度服务流程四部分。通过对相关概念、规定、管理部门职责的解释说明，使读者能够较全面地掌握分布式电源并网的调度流程，回答了读者在分布式电源并网时如何准备、准备什么的问题。

本书适合分布式电源项目建设涉及的各类从业者。

图书在版编目（CIP）数据

分布式电源并网调度服务工作手册／《分布式电源并网调度服务工作手册》编委会编．—北京：中国电力出版社，2020.5

ISBN 978-7-5198-4396-0

Ⅰ.①分… Ⅱ.①分… Ⅲ.①电源—电力系统调度—手册 Ⅳ.① TM73-62

中国版本图书馆 CIP 数据核字（2020）第 033074 号

出版发行：中国电力出版社
地　　址：北京市东城区北京站西街 19 号（邮政编码 100005）
网　　址：http://www.cepp.sgcc.com.cn
责任编辑：王杏芸（010-63412394）
责任校对：黄　蓓　常燕昆
装帧设计：赵姗姗
责任印制：杨晓东

印　　刷：北京博图彩色印刷有限公司
版　　次：2020 年 5 月第一版
印　　次：2020 年 5 月北京第一次印刷
开　　本：710 毫米 ×1000 毫米　16 开本
印　　张：2
字　　数：17 千字
定　　价：20.00 元

分布式电源并网调度服务工作手册

编委会

主　编　郭永凯

副主编　吴　英　杨　萌　苗　慧

成　员　靳　强　冯李军　王志伟　李　娴　闫红星

梁兴泰　解旭通　李　慧　刘宏秀　王丽红

前 言

近年来，随着分布式发电技术水平的不断提高，在国家能源结构调整、光伏扶贫等政策的指引下，分布式电源呈井喷式发展，光伏发电尤为迅速，分布式电源的装机容量逐年递增，大电网系统与分布式电源系统相结合是未来电力系统发展的方向。在分布电源项目建设过程中，如何能够快速、高效地完成各类并网手续，按时并网，是项目业主重点关注的问题之一。

本书共 4 章，第 1 章介绍了分布式电源的背景，包括分布式电源的基本概念、分类以及发展现状。第 2 章介绍了分布式电源并网相关的定义及规范。第 3 章介绍了供电公司相关部门的职责界面，包括营销部、发展部、调控中心及其下设专业室的职责。第 4 章介绍了分布式电源并网调度服务流程，包括项目并网调度前期工作、启动前准备工作、启动调试工作以及调度运行工作。

目前市面上分布式电源相关书籍主要介绍的是并网原理、电能质量等知识，侧重技术方面。对于分布式电源并网的流程介绍甚少。为了促进分布式电源项目业主能够快速、高效地知晓分布式电源并网流程，我们编写了《分布式电源并网调度服务工作手册》，本书从供电企业的角度讲述了分布式电源的并网调度流程，列出了并网所需的资料清单，相信本书能够帮助项目业主通盘了解并网涉及的各个环节，提高并网工作效率，顺利完成并网手续。

鉴于编者水平有限，书中尚有诸多不妥之处，恳请读者批评指正。

编者

2020 年 5 月

目 录

第1章 分布式电源背景介绍

1.1 分布式电源的基本概念

目前，国内外对于分布式电源的定义并不统一。主要是由于不同国家（或地区）分布式电源的发展背景、发展阶段、电力总需求、电网规模和电压等级均存在差异导致的。

《分布式发电管理办法（征求意见稿）》（国家能源局发布）规定：分布式发电是指接入配电网运行，发电量就近消纳的中小型发电设施，以及有电力输出的能源综合利用系统。并对分布式发电接网电压等级和装机容量做了说明：

（1）分布式发电接网电压等级在35kV及以下的，装机容量不超过2万kW（有自身电力消费的，扣除当年用电最大负荷后不超过2万kW）。

（2）接网电压等级在110kV（或66kV以下）的，装机容量不超过 5 万 kW 且在该电压等级范围内就近消纳。

国家电网公司为强化分布式光伏并网管理，在《分布式电源并网相关意见和规范（修订版）》（国家电网办〔2013〕1781 号）规定，分布式电源是指在用户所在场地或附近建设安装、运行方式以用户侧自发自用为主、多余电量上网，且在配电网系统平衡调节为特征的发电设施或有电力输出的能量综合梯级利用多联供设施。包括太阳能、天然气、生物质能、风能、地热能、海洋能、资源综合利用发电（含煤矿瓦斯发电）等，适用于以下两种类型分布式电源（不含小水电）：

（1）10kV 及以下电压等级接入，且单个并网点总装机容量不超过 6MW。

（2）35kV 电压等级接入，年自发自用电量大于 50% 或 10kV 及以下电压等级接入且单个并网点总装机容量超过 6MW，年自发自用电量大于 50%。

目前，国家电网有限公司系统主要沿用上述分类定义，在归口管理上第一类分布式电源由营销部管理，第二类由发展部管理。

1.2 分布式电源的发展现状

随着分布式光伏发电商业模式的成熟，2016 年至 2018 年上半年，我国分布式光伏发电呈现爆发式增长。截至 2018 年底，我国分布式光伏发电累计并网容量 5062 万 kW，占光伏发电总装机的 29%。

2018 年，全国发电新增生产能力（正式投产）12785 万 kW。其中，并网风电和太阳能发电 2127 万 kW 和 4525 万 kW，其合计新增占全国新增装机容量的 52.0%。

截至 2018 年底，全国全口径发电装机容量 190012 万 kW。其中，并网风电 18427 万 kW，比上年增长 12.4%；并网太阳能发电 17433 万 kW，比上年增长 33.7%。新能源发电装机合计 35860 万 kW，占比 18.9%，装机占比继续有所提高。

2018 年至 2019 年初，光伏发电发展政策发生重大调整，要求控制发展节奏，优化新增规模，从单纯的扩大规模向对先进技术（领跑者计划）、扶贫、无补贴平价项目进行倾斜，以提高发展质量。随着分布式交易市场机制的完善和成熟，分布式光伏将摆脱对补贴依赖，进入平价时代。

第 2 章 相关定义

2.1 并网点的定义

对于有升压站的分布式电源，并网点指升压站高压侧母线或节点。对于无升压站的分布式电源，并网点指分布式电源的输出汇总点。

2.2 公共连接点的定义

用户系统（发电或用电）接入公用电网的连接处。

如图 2–1 所示，分布式电源的并网点，包括分布式电源与公用电网和用户内部电网的连接点。用户电网通过公共连接点 C 与公共电网相连，其用户电网内部含两个分布式电源，分别通过 A 点、B 点与用户电网相连，则 A 点、B 点即为分布式电源的并网点，但不是公共连接点。分布式电源通过 D 点直接与公用电网相连，则 D 点既是并网点又是公共连接点。

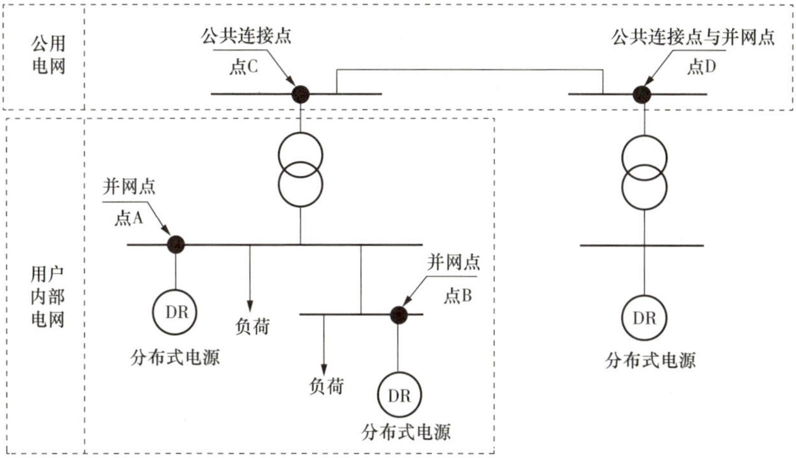

图 2-1 分布式电源并网示意图

2.3 专线接入的定义

专线接入，是指分布式电源接入点处设置分布式电源专用的开关设备（间隔），如分布式电源直接接入变电站、开闭站、配电室母线或环网柜等方式。

2.4 T 接的定义

T 接是指分布式电源接入点处未设置分布式电源专用的开关设备（间隔），如分布式电源直接接入架空或电缆线路的方式。

第3章 国家电网有限公司相关部门职责

目前，国家电网有限公司供电区域内，分布式电源项目并网前期工作，主要在地市公司层面进行，组织机构如图3–1所示。本部分内容主要介绍国网地市公司相关部门的职责情况。

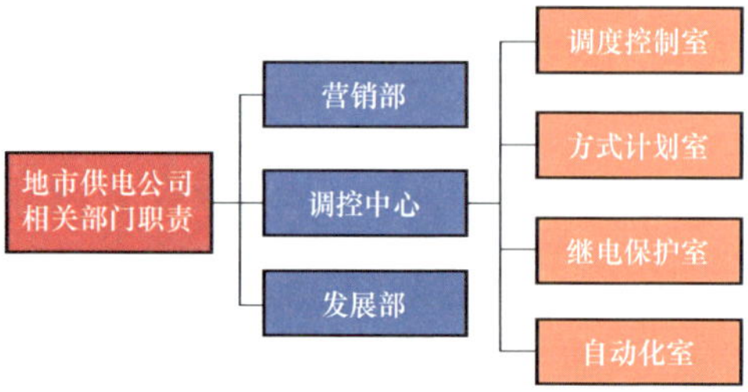

图3–1 组织机构

3.1 地市公司营销部职责

（1）地市公司营销部负责分布式电源项目并网服务归口管理，受理并网申请；

（2）向调控中心提供分布式电源所采用设备的检测报告以备案；

（3）组织相关部门对 380（220）V 分布式电源接入方案进行评审，出具评审意见；

（4）向调控中心抄送接入系统方案确认单，确认单应包括对应的接入配电台片（区）；

（5）组织调控中心等相关部门（单位）审查分布式电源接入系统工程设计，出具答复意见；

（6）向调控中心抄送分布式电源并网调试申请资料以备案；

（7）向调控中心抄送 380（220）V 分布式电源项目业主（或电力用户）购售电、供用电和调度方面的合同以备案。

3.2 地市公司发展部职责

（1）地市公司发展部负责组织调控中心等部门对 10（6）～ 35kV 分布式电源接入系统方案开展评审，出具评审意见；

（2）向调控中心抄送接入系统方案确认单、批复文件、并网协议以备案。

3.3 地市公司调控中心职责

（1）地市公司调控中心负责签订 35kV、10kV 接入项目并网调度协议；

（2）负责组织 35kV、10kV 接入项目并网验收，出具并网验收意见，组织并网调试；

（3）参与接入系统方案和工程设计文件审查；

（4）负责指导分布式电源项目远动信号采集及上传工作；

（5）负责并网点继电保护定值的计算；

（6）负责编制并下达新设备投产调度批准书、启动方案和运行方式规定；

（7）负责按照调度范围开展分布式电源并网后的调度运行；

（8）负责提出继电保护及安全自动装置、自动化通信通道的配置需求、运行评价及考核管理。

3.3.1 调度控制室职责

（1）负责分布式电源厂站调度管辖范围设备的运行操作、事故处理和电压、潮流调整；

（2）负责分布式电源发电调度运行；

（3）负责组织调管范围内电网联合故障处置演练；

（4）负责分布式电源厂站运行值长的调度业务培训、考核及持证上岗工作；

（5）参与分布式电源厂站调度管辖范围的新、改、扩建设备的启动投产工作；

（6）负责并网调度协议的签订和管理；

（7）落实“三公”调度工作；

（8）参与制订电网调度运行有关的规程、制度、规定和管理办法并监督实施。

3.3.2 方式计划室职责

（1）参与分布式电源项目接入工程前期和新设备投产相关工作；负责分布式电源项目设备参数收集汇总；

（2）牵头调度管辖范围的新机并网协调管理工作，负责编制并下达调度管辖范围内电源、电网新设备投产批准书、启动方案和运行方式规定；

（3）负责组织开展分布式电源接入电网的计算分析工作；

（4）负责电网计算参数管理；牵头负责 OMS 基础数据管理；

（5）负责编制分布式电源调度管辖范围日、月、年停电计划；

（6）负责调度系统负荷预测；

（7）负责调度计划执行的管理；

（8）负责分布式电源调度生产数据统计及分析；

（9）负责电厂并网运行考核总体管理工作及专业考核工作；

（10）参与调度管辖范围的新建、改建、扩建设备的启动投产工作；

（11）参与并网调度协议的签订和管理；

（12）负责分布式电源厂站安全自动装置配置方案的前期研究、控制策略制定和定值整定；

（13）负责电网无功电压的技术管理工作。

3.3.3 继电保护室职责

（1）负责分布式电源厂站涉网继电保护定值的整定计算管理；

（2）组织或参与事故调查，制定落实分布式电源厂站涉网反事故措施；

（3）参与分布式电源项目并网设备设计及并网审查；

（4）参与分布式厂站值班人员管理培训及考核；参与启动方案的编制；

（5）负责审查分布式电源项目中二次系统招标设备的技术规范和标准。

3.3.4 自动化室职责

（1）负责所辖电网内分布式电源调度自动化系统、分布式电源发电功率预测系统的模块需求、指标定义、专业分析管理；

（2）参与调度自动化系统的设计、招标、建设和运行管理工作；

（3）负责厂站自动化相关系统及设备、电力调度数据网络、电力监控系统安全防护等设备的入网选型原则的制定及入网资格的审查；

（4）负责自动化设备的入网检测和设备性能评价、运行统计分析及考核管理；

（5）负责提出自动化通信通道的配置需求、运行评价、考核管理；

（6）参与厂站自动化工程的设计审查、招评标、调试和验收工作；

（7）负责分布式电源 OMS 系统应用账号的审核建立。

第4章

分布式电源项目并网调度服务流程

分布式电源并网调度服务工作流程包括并网调度前期工作、并网启动前准备工作、启动调试工作、调度运行工作。

4.1 并网调度前期工作

接入方案确定

发展部组织35kV、10kV接入项目接入系统方案审定；
营销部组织380（220）V接入项目接入系统方案审定；
调控中心参加接入方案审定并备案接入系统方案确认单和方案批复。

工程设计审查

营销部组织接入系统工程设计审查；
调控中心参加工程设计审查并备案工程设计资料

（1）接入方案确定。调控中心参加地市公司发展部组织的 35kV、10kV 接入项目接入系统方案审定，备案接入系统方案确认单和方案批复；参加地市公司营销部组织的 380（220）V 接入项目接入系统方案审定，备案接入系统方案确认单（380/220V 项目确认单包括对应的接入配电台区）。

（2）工程设计审查。调控中心参加地市公司营销部组织的接入系统工程设计审查，备案工程设计资料。

4.2 启动前准备工作

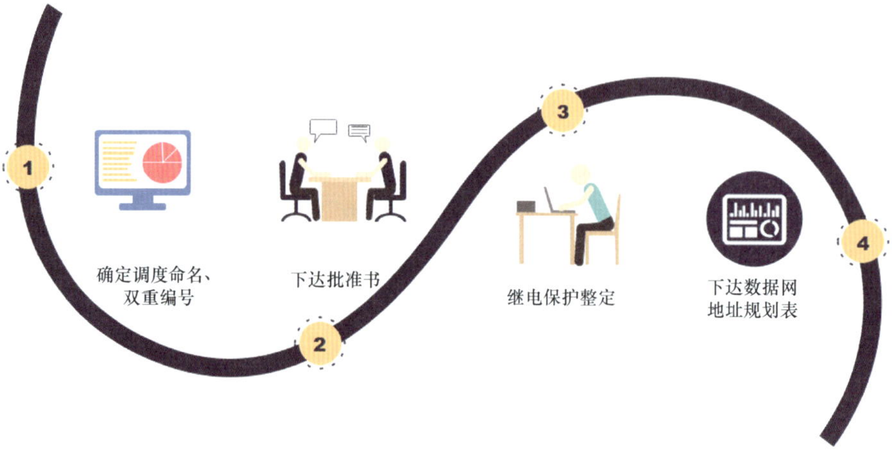

（1）调度命名、编号。35kV、10kV 项目业主向地市公司调控中心方式计划室上报接入系统方案、接入系统批复、电气施工图纸、电站一次系统图（含 CAD 版本）及设备参数等相关资料（附录 A），方式计划室编制《××站一次系统图》，经中心领导审核后生效，确定调度命名和设备双重编号。

（2）下达批准书。完成调度命名编号后，35kV、10kV 项目业主向方式计划室上报批准书所需资料，方式计划室编制批准书，经中心领导批准后生效，正式下达调度批准书。

（3）继电保护整定。35kV、10kV 接入项目，项目业主向调控中心继电保护室上报保护装置说明书、图纸等相关资料（附录B），按照调度范围划分对相关保护进行整定，下达保护定值单。分布式电源涉网保护定值应在调度部门备案；所有新增、变更的定值需到继电保护室审核、备案并签字确认。低频低压解列装置定值由方式计划室整定。

（4）下达数据网地址规划表。35kV、10kV接入项目，项目业主向调控中心自动化室上报电站网络拓扑图、二次设备清单、远动信息表等相关资料（附录C），自动化室审核后下发数据网通信地址，项目业主负责搭建厂站内调管范围内的后台。

4.3 启动调试工作

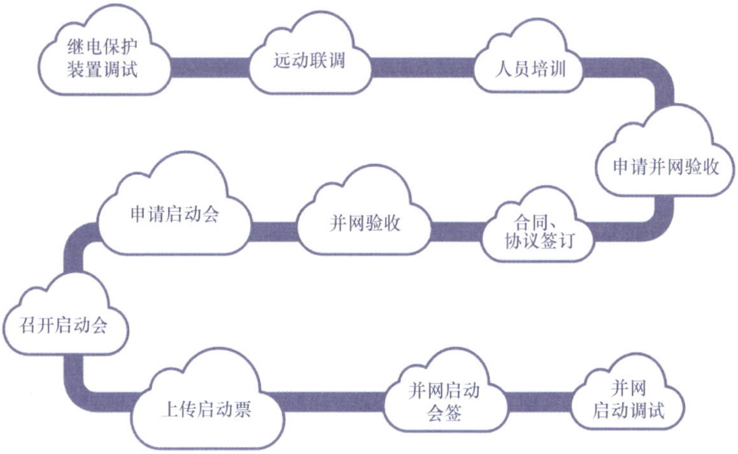

（1）继电保护装置调试。35kV、10kV接入项目，项目业主由调控中心继电保护室监督，完成站内所有保护装置的调试，对于光纤差动保护还应完成线路两侧通道联调试验，完成故障录波组网和信息子站的联调工作，并将所有保护装置调试报告上报继电保护室

备案。

（2）远动联调。项目业主完成站内调试、远动装置与主站建立通信后，向自动化室申请完成远动联调，包括远动信息联调、安全防护装置调试、功率预测系统等自动化系统的调试工作。

（3）人员培训。在预验收后，调控中心组织 35kV、10kV 接入项目的运行值班人员集中培训，对考试合格人员下发直调用户值班人员持证上岗合格证及调度联系人名单。

（4）申请并网验收。项目业主向地市或县级公司营销部申请并网验收及并网调试，填写并网验收及并网调试申请表，上报相关资料并抄送至调控中心。

（5）合同、协议签订。并网验收及并网调试申请受理后，380（220）V 接入项目，项目业主（或电力用户）与地市公司营销部办理关于调度方面的合同签订工作（抄送至调控中心用以备案）。35kV、10kV 接入项目，项目业主（或电力用户）与发展部办理关于并网协议方面的签订工作（抄送至调控中心用以备案），与地市公司调控中心办理关于并网调度协议方面的签订工作（项目业主向调控中心提交项目核准文件、企业法人营业执照、开户银行及账号等文件，调控中心向项目业主提供调度协议示范文本以供填写相关技术参数）。

（6）并网验收。合同与协议签订完毕后，380（220）V 接入项目，地市公司营销部负责组织相关部门开展项目并网验收及并网调试，出具并网验收意见。35kV、10kV 接入项目，地市公司调控中心负责组织相关部门开展项目并网验收工作，出具并网验收意见。若验收不合格，提出整改方案。

（7）申请启动会。在完成所有基建、电气调试、保护装置调试、远动联调、通信系统调试、质检验收等工作，并现场验收消缺完毕后，项目业主与地市公司调控中心、营销部协商启动会召开时间，报送启动会邀请函正式文件至调控中心方式计划室。调控中心领导审批同意后，安排相关专业参加。

（8）召开启动会。调控中心、营销部组织发展部、运检部、信通公司、营业及电费室、计量室等部门召开启动会，就启动会会议形成纪要，对现场发现问题消缺情况形成回执说明。会后按照会议纪要、回执说明反馈相关人员。调控中心根据启动会编制启动方案。

（9）上传启动票。调控中心方式计划室确认具备启动条件后，指导项目业主完成启动申请票的上报、流转。

（10）并网启动会签。项目业主完成全部启动前工作，经调控中心内部会签，经公司各部门会签、公司领导审批同意，签署投产申请书。

（11）并网启动调试。380（220）V 接入项目，地市公司营销部负责组织相关部门开展项目并网调试，并网调试通过后直接转入并网运行。35kV、10kV 接入项目，地市公司调控中心根据启动方案组织开展并网调试有关工作，调试通过后直接转入并网运行。若调试不合格，提出整改方案。

4.4 调度运行工作

（1）服从统一调度。分布式电源运行维护方应服从调控中心的统一调度，遵守调度纪律，执行电网调控中心制定的有关规程。35kV、10kV 接入的分布式电源，项目运行维护方根据电网调控部门

要求制定相应的现场运行规程。

（2）运行值班。35kV、10kV 接入的分布式电源，项目运行维护方应上报具有调度资格的运行值班人员名单，按照相关要求执行调控中心值班调度员的调度指令，并及时、如实告知现场情况，答复调控中心值班调度员的询问。

（3）事故或紧急控制。在电力系统事故或紧急情况下，为保障电力系统安全，电网调控中心有权限制分布式电源出力或暂时解列分布式电源。10（6）～ 35kV 接入的分布式电源应按地市供电公司调控中心指令控制其有功功率。分布式电源因电网发生扰动脱网后，在电网电压和频率恢复到正常运行范围之前不允许重新并网。10（6）～ 35kV 接入的分布式电源因故退出运行，应立即向地市供电公司调控中心汇报，经调控中心同意后方可按调度指令并网。分布式电源应做好事故记录并及时上报调控中心。

（4）检修维护。35kV、10kV 接入的分布式电源，项目运行维护方应及时向调控中心备案各专业主管或专责人员的联系方式，并按照有关规程、规定对分布式电源装置进行正常维护和定期检验。35kV、10kV 分布式电源检修计划由调控中心统一平衡、统一发布。

如开展与电网通信系统有关的设备检修，应提前向地市供电公司调控中心办理检修申请，获得批准后方可进行。如设备检修影响到继电保护和安全自动装置的正常运行，还需按规定向地市供电公司调控中心提出继电保护和安全自动装置停用申请，在继电保护和安全自动装置退出后，方可开始通信设备检修相关工作。

附录 A　10 ~ 35kV 分布式并网项目前期方式计划室所需资料清单

序号	事项	是否具备
1	项目核准批复	
2	可行性研究批复（一、二次部分）	
3	接入系统批复（一、二次部分）	
4	初步设计批复（一、二次部分）	
5	电场（站）调度命名申请文件。上报三个名字，初审后报领导确定	
6	发电厂（站）电气接线图、厂用电接线图、接入变电站平面布置图、出线示意图（施工图蓝图，加盖电场公章）	
7	发电企业按照模板报送参数，包括电子版和纸质版盖章（方式计划室提供模板）	
8	发电企业并网申请。发电企业出红头文件报送调控中心	
9	新设备投产申请书	
10	高压供用电合同	
11	验收手续	
12	升压站、对侧间隔、送出线路：并网通知书（质检证）、验收报验单、投运批准单	
13	线路实测参数报告	
14	启动会邀请函	
15	调控中心内部会签	
16	其他所需资料	

附录 B　10 ~ 35kV 分布式并网项目前期继电保护室所需资料清单

序号	事项	是否具备
1	继电保护符合有关法律法规、行业标准、企业标准及有关规程（规定）	
2	保护装置配置选型及调试报告（ 保护通道对调正常 ）	
3	低频低压解列装置调试报告	
4	故障信息子站、故障录波组网联调报告，并接入一、二平面	
5	根据调度范围上报整定计算所需参数	
6	现场保护装置屏名称和压板标识规范，屏上有压板投退说明	
7	二次铜地网敷设按照反措要求完成	
8	现场继电保护软件版本经相应调度机构继电保护专业认证	
9	现场按要求编写保护运行技术和管理规程并应用	
10	电厂负责的保护定值满足专业要求，将定值单上报地调备案	
11	现场配备保护专业人员，相关人员名单上报	
12	并网电厂上一级变电站继电保护设备及安自装置联切小电源传动报告	

附录 C 10 ~ 35kV 分布式并网项目前期自动化室所需资料清单

序号	事项	是否具备
1	测控装置精度报告	
2	自动化设备布置图	
3	自动化设备供电图	
4	自动化设备授时图	
5	电场（站）及自动化设备调试联系人名单	
6	自动化设备及型号填报	
7	远动点表（含事故总信号逻辑）	
8	设备数量	
9	自动化设备网络地址单	
10	设备授时图	
11	自动化设备供电图	
12	数据网设备调试报告	
13	远动信息调试报告	
14	时间同步装置运行信息上传至地调	
15	UPS 运行信息上传至地调	
16	提供安全防护方案	
17	提供远动机、后台、测控装置、UPS、GPS、数据网等设备说明书	
18	功率预测调试报告	
19	保护信息子站调试报告	
20	纵向加密装置接入调试报告	
21	纵向加密装置运行状态上传至地调	

附录 D　10 ~ 35kV 分布式电源并网调度流程

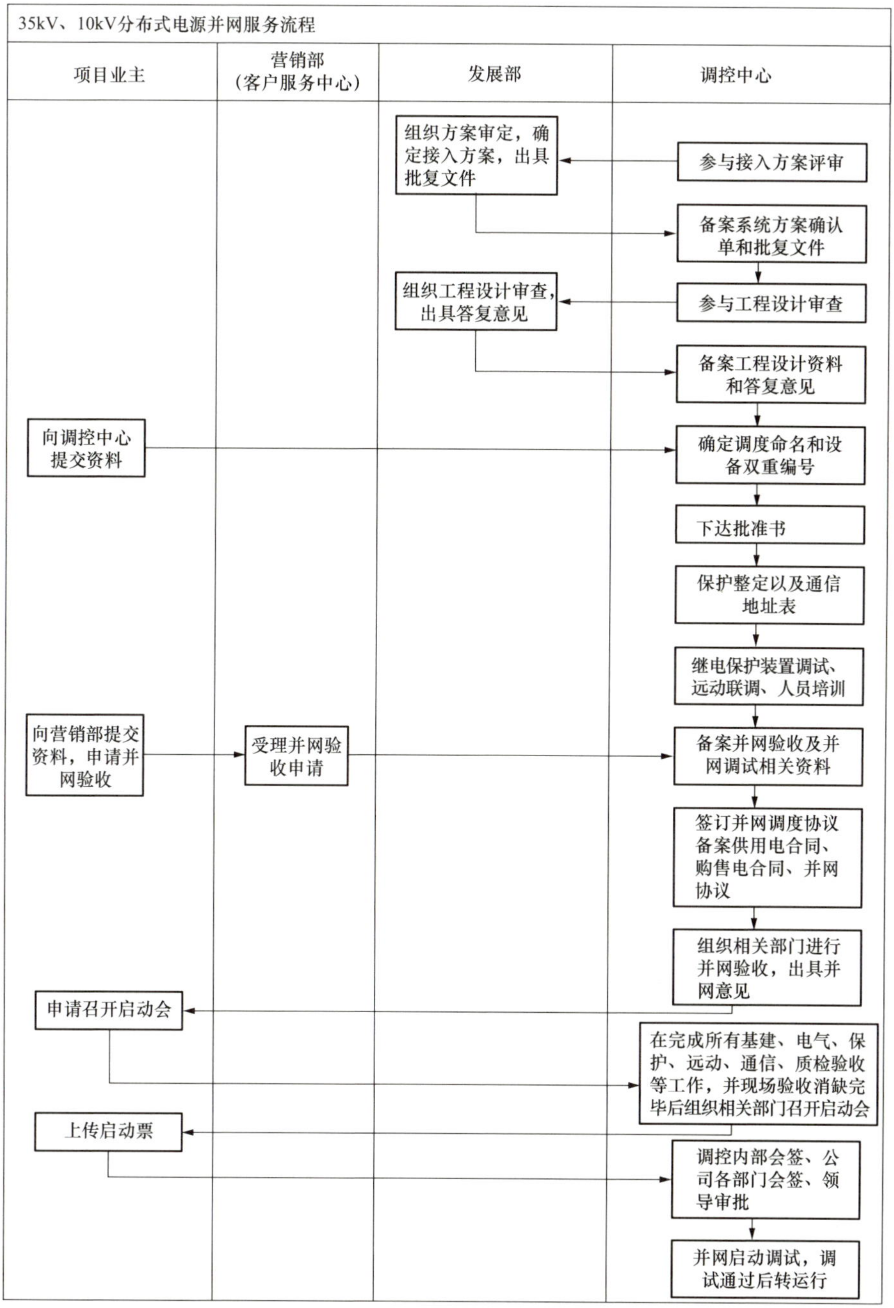